Svenja Hofert

30 Minuten

für das

überzeugende
Vorstellungsgespräch

W0179560

Bibliografische Information Der Deutschen Bibliothek

Die Deutsche Bibliothek verzeichnet diese Publikation in der Deutschen Nationalbibliografie; detaillierte bibliografische Daten sind im Internet über http://dnb.ddb.de abrufbar.

Wird empfohlen von

N24

Copyright © 2007 N24 GmbH
(MM MerchandisingMedia GmbH)

Umschlag und Layout: die imprimatur, Hainburg
Lektorat: Friederike Mannsperger, Offenbach
Satz: Zerosoft, Timisoara, Rumänien
Druck und Verarbeitung: Salzland Druck, Staßfurt

© 2008 GABAL Verlag GmbH, Offenbach

Hinweis:
Das Buch ist sorgfältig erarbeitet worden. Dennoch erfolgen alle Angaben ohne Gewähr. Weder Autor noch Verlag können für eventuelle Nachteile oder Schäden, die aus den im Buch gemachten Hinweisen resultieren, eine Haftung übernehmen.

Printed in Germany

ISBN 978-3-89749-812-9

In 30 Minuten wissen Sie mehr!

Dieses Buch ist so konzipiert, dass Sie in kurzer Zeit prägnante und fundierte Informationen aufnehmen können. Mithilfe eines Leitsystems werden Sie durch das Buch geführt. Es erlaubt Ihnen, innerhalb Ihres persönlichen Zeitkontingents (von 10 bis 30 Minuten) das Wesentliche zu erfassen.

Kurze Lesezeit

In 30 Minuten können Sie das ganze Buch lesen. Wenn Sie weniger Zeit haben, lesen Sie gezielt nur die Stellen, die für Sie wichtige Informationen beinhalten.

- Alle wichtigen Informationen sind blau gedruckt.

- Schlüsselfragen mit Seitenverweisen zu Beginn eines jeden Kapitels erlauben eine schnelle Orientierung: Sie blättern direkt auf die Seite, die Ihre Wissenslücke schließt.

- *Zahlreiche Zusammenfassungen innerhalb der Kapitel erlauben das schnelle Querlesen. Sie sind blau gedruckt und zusätzlich durch ein Uhrsymbol gekennzeichnet, sodass sie leicht zu finden sind.*

- Ein Register erleichtert das Nachschlagen.

Inhalt

Vorwort

Liebe Leserin, lieber Leser,

Sie haben eine Einladung zum Vorstellungsgespräch bekommen? Herzlichen Glückwunsch – die erste Hürde ist geschafft. Und wenn Sie dieses Buch durcharbeiten, ist die zweite ganz sicher sehr viel leichter zu nehmen. Meine Erfahrung als Karriereberaterin zeigt mir: Es ist die Vorbereitung, die den Unterschied ausmacht. Wer vor dem Gespräch über seine Antworten nachdenkt, kann leichter darauf zugreifen. Und wer sich problematischer Antworten bewusst ist, kann diese vermeiden.

Dieses Buch bereitet Sie optimal auf das Gespräch vor. Sie erhalten einen Leitfaden, mit dem Sie Antworten vordenken können. Sie lernen Ihren eigenen Gesprächsstil kennen, ertappen sich vielleicht auch mal bei kleinen „Macken" und machen sich bewusst, wie manche Antworten wirken. So können Sie schon nach kurzer Zeit positiv und authentisch antworten.

Zahlreiche Formulierungsbeispiele geben Ihnen Anregungen für passende Antworten. Sie lernen einen souveränen Umgang mit den wunden Punkten, die fast jeder in seinem Lebenslauf hat. Sie lernen zu überzeugen!

Viel Erfolg wünscht Ihnen Ihre Svenja Hofert

1. Was Sie erwartet

Welche Gesprächstypen gibt es?

Was sollten Sie bei Platzwahl, Outfit und Haltung beachten?

Wie sieht ein Vorabcheck aus?

„Der hat die ganze Zeit nur geredet!"

„Das waren vier Stunden hintereinander – eine Tortur!"

„Die waren zu zwölft – im Ernst: Zwölf Leute starrten mich an, stellen Sie sich das vor!"

1.1 Gespräch oder Interview?

Immer wieder erlebe ich Bewerber, die von der Art und dem Verlauf ihres Vorstellungsgesprächs völlig überrascht wurden. Sie hatten sich beispielsweise auf ein lockeres Vier-Augen-Gespräch eingestellt und fanden sich dann vor einem Gremium wieder. Oder sie wurden bei einem Vorstellungsgespräch in einem mittelständischen Unternehmen von der Redelust des Chefs so überwältigt, dass sie nicht mehr zu Wort kamen.
Informieren Sie sich deshalb zunächst einmal darüber, was für ein Gespräch auf Sie zukommen wird.

- Wie viele Personen sind beteiligt?
- Wie heißen Ihre Gesprächspartner und was ist ihre Funktion?
- Welche Dauer ist angesetzt? Gibt es begleitende Tests, Gruppendiskussionen, eine Präsentation?

Fragen Sie, wenn das Unternehmen Sie nicht von sich aus über den Ablauf des Gesprächs informiert. Erkundigen Sie sich nach den Namen der teilnehmenden Personen!
Im Folgenden präsentiere ich Ihnen die verschiedenen derzeit gängigen Typen eines Vorstellungsgesprächs.

Das Vier- oder Sechs-Augen-Gespräch

Bei der Sechs-Augen-Variante stehen Sie im Mittelpunkt, die Fragen stellen Ihnen je ein Personaler und ein Fachverantwortlicher – entweder aufeinanderfolgend oder durcheinander. Diesen Klassiker unter den Interviews bevorzugt nach wie vor die Mehrzahl der mittelständischen Unternehmen und Konzerne. Der Personaler interessiert sich für Ihre Persönlichkeit, der Fachverantwortliche für Ihr Können.

Beim Vier-Augen-Gespräch sind Sie und der Chef unter sich, vielleicht auch Sie und der Personaler. Wenn Sie zuerst mit dem Chef sprechen, kommt es vor allem auf Sympathie an. Meist dauern solche Gespräche eine Dreiviertelstunde, können sich im Einzelfall aber auch schon mal über drei Stunden strecken.

Tipps

- Manche Personaler nehmen Sie regelrecht in die Zange. Widersprüche fallen auf, bleiben Sie also authentisch. „Gemeine" Fragen sind meist Absicht – sie sollen Sie aus der Reserve locken.
- Bleiben Sie auch bei Provokationen locker und souverän – und nehmen Sie es nicht persönlich.
- Gerade in kleinen und mittleren Unternehmen stehen Chefs gern im Mittelpunkt und sind sehr überzeugt von sich und ihren Produkten. Manchmal bedeutet das für Sie: reden lassen und begeistert zuhören. Kehren Sie als Mann bei einem dominanten Chef-Gegenüber bloß nicht das „Alphatier" heraus, sondern ordnen Sie sich erst einmal unter.

Das Gremiengespräch

Diese Situation mit bis zu zwölf Teilnehmern treffen Sie im öffentlichen Bereich sehr oft an. Neben den Fachverantwortlichen und dem Personaler ist meist auch die Gleichstellungsbeauftragte dabei.

Eine andere Art von Gremiengesprächen gibt es in privatwirtschaftlichen Unternehmen. Dort sind es aber eher drei bis sechs Teilnehmer, manchmal sind sogar Ihre künftigen Kollegen dabei.

Tipps

- Jeder will sich wertgeschätzt fühlen, alle sollten von Ihnen mit freundlichem Blick gewürdigt werden.
- Begrüßen Sie alle persönlich und verabschieden Sie sich auch durch Handreichen. Berücksichtigen Sie die Damen zuerst, seien Sie höflich. Bloß niemanden vergessen.
- Setzen Sie sich unbedingt so, dass Sie allen ins Gesicht sehen können.
- Nicken Sie ab und zu bestätigend, wenn ein Teilnehmer etwas sagt oder fragt.

Das Gruppengespräch

Einige Unternehmen laden gerade Absolventen gerne direkt in eine größere Runde ein. Sie sitzen dann mit anderen Bewerbern zusammen, sollen sich vorstellen und über ein oder mehrere Themen diskutieren. Dabei werden Sie von den Unternehmensvertretern beobachtet: Welche Rolle nehmen Sie in der Gruppe ein? Wie präsentieren Sie sich? Welche Einstellungen und Denkweisen spiegelt Ihre Art zu reden, zu überzeugen, zu diskutieren wider?

Tipps

- Sagen Sie etwas, auch wenn Sie am liebsten ganz still wären. Sie müssen nicht gleich der Gesprächsführer werden, der alles an sich reißt – Sie sollten aber auch nicht als der schweigsame oder übertrieben schüchterne Typ rüberkommen.
- Bleiben Sie immer diplomatisch und freundlich den anderen gegenüber. Verbalrabauken sind nirgendwo gut angesehen.
- Beweisen Sie, dass Sie soziale Kompetenzen haben, wenn Sie diskutieren: nicht über den Mund fahren, unterbrechen, keine Wortgefechte austragen.

Das Pyramidengespräch

Die relevanten Entscheider machen sich hierbei getrennt voneinander ein Bild. Ihre jeweiligen Gesprächspartner können ein Kollege, der direkte Vorgesetzte, der Abteilungsleiter und der Personalverantwortliche sein. Drei bis fünf Gespräche und zusammengenommen eine Gesprächsdauer von vier bis fünf Stunden sind keine Seltenheit.

Tipps

- Achten Sie darauf, sich nicht in Widersprüche zu verstricken.
- Erkennen Sie die Bedürfnisse und vielleicht auch die Ängste des Kollegen: Sicher ist ihr/ihm an einem guten Klima gelegen. Also lieber nett sein als allzu barsch.

Das Telefoninterview

Bevor Sie zu einem persönlichen Gespräch oder zur Teilnahme an einem Assessment-Center eingeladen werden, wird oft ein Telefoninterview verabredet.

Tipps

- Telefonieren Sie nur ungestört. Kinder, Haustiere und andere „Geräuschquellen" sollten draußen bleiben.
- Die Leitung muss frei sein. Dauerndes hörbares Anklopfen nervt.
- Rauchen Sie nicht, das hört man. Verboten ist auch Tippen auf der Tastatur oder lautes Klopfen mit dem Kuli.
- Sprechen Sie im Stehen oder mit erhobenem Kopf. Das ist gut für die Stimme.
- Sprechen Sie langsam und machen Sie eine Sprechpause, wenn Sie etwas Wichtiges betonen wollen.
- Bereiten Sie sich auf Fach- und Persönlichkeitsfragen vor – Unternehmen setzen hier sehr unterschiedliche Schwerpunkte. Auch Ihr Wunschgehalt sollten Sie kennen.

1.2   Platzwahl

Wählen Sie einen Platz im Raum, von dem aus Sie allen direkt ins Gesicht blicken können. Wenn Ihnen ein Platz zugewiesen wird, so korrigieren Sie den Standort des Stuhls, bis Sie alle ansehen können. Begrüßen Sie alle Anwesenden und stellen Sie sich laut und deutlich mit Namen vor. Was die Etikette betrifft, so ist derzeit nicht klar, wer zuerst begrüßt werden muss: Der hierarchisch Höchststehende oder die Damen. Wenn die Rangordnung nicht ganz klar ist, dann berücksichtigen Sie auf jeden Fall zunächst einmal die weiblichen Anwesenden. Wenn möglich begrüßen Sie alle anwesenden Personen namentlich. Schauen Sie dazu vorher im Internet bei Google nach, wie die Personen aussehen. Sehr oft findet sich in der Bildsuche ein Foto!

Tipps
- Fragen Sie, wo Sie sich hinsetzen sollen.
- Setzen Sie sich erst, wenn Sie dazu aufgefordert werden.
- Stellen Sie Ihren Stuhl so, dass Sie alle ansehen können. Lassen Sie den Blick einmal freundlich schweifen.
- Am Tisch nehmen Sie eine gerade und den anderen zugewandte Haltung an. Sie können sich auch etwas zurücklehnen.
- Halten Sie die Hände offen, legen Sie sie auf den Tisch oder entspannt vor sich auf die Beine. Wer nervös ist, neigt sonst dazu, die Finger zu verknoten oder auffällige Fingerspiele zu betreiben.
- Im Gespräch wertschätzen Ihre Blicke ab und zu auch die anderen Beteiligten, während Sie sich auf den jeweiligen Gesprächspartner konzentrieren.

Wenn Sie Probleme haben, andere anzublicken, schauen Sie einfach auf die Nasenmitte Ihres Gesprächspartners! Ihr Gegenüber empfindet das als intensiven Blickkontakt.

Sie können sich auch Notizen machen und in diesem Moment den Blickkontakt unterbrechen.

Ab und zu auf ein Bild schauen ist erlaubt. Vermeiden Sie aber zu viele seitliche Blicke oder gar Blicke nach unten.

1.3 Passendes Outfit

Bei der Kleidung sollten Sie sich am Kleidungsstil orientieren, der im Unternehmen herrscht. Das Internet mit seiner wachsenden Anzahl von Karriereseiten mit Unternehmensvideos inspiriert Sie per Mausklick.

Die oft zitierte Faustregel „Anzug für den Herrn und Kostüm für die Dame" kann ich so nicht uneingeschränkt stehen lassen. In der Werbebranche sind oft bestimmte Markenklamotten die Eintrittskarte für den gewünschten Job, in Medienunternehmen punktet Individualismus – jedenfalls in den kreativeren Etagen. Im sozialen Bereich wäre das Kostüm eindeutig ein No Go und auch der Sachbearbeiter in der Stadtverwaltung braucht keinen Boss-Anzug. Ingenieure, zumal jene, die maschinen- und werksnah arbeiten, werden im feinen Zwirn zum Fremdkörper für die Kollegen.

Tipps

- Schauen Sie sich erst einmal in der Branche und dem speziellen Unternehmen um, bevor Sie sich einkleiden.
- Gehen Sie ins Internet oder, noch besser, stellen Sie sich vor den Eingang der Firma und beobachten Sie, welcher Kleidungsstil dort bevorzugt wird.

Auch auf Karrieremessen bekommen Sie eine Ahnung vom Kleidungsstil.

- Neue Klamotten erzeugen schnell Unbehagen. Ziehen Sie sich lieber so an, dass Sie sich wohlfühlen.
- Kleine Muster oder uni sind vorteilhafter – sonst lenken die Muster die Aufmerksamkeit von Ihnen ab.
- Selbstverständlichkeiten sind saubere Schuhe, gepflegte Fingernägel, ordentliche Haare …

1.4   Ihre Haltung

Wie sprechen Sie? Worte sind oft weniger wichtig als Gestik und Mimik. Der persönliche Eindruck, den Sie hinterlassen, kann mehr wert sein als der Inhalt dessen, was Sie sagen. So mag ein Bewerber perfekte Antworten geben – und trotzdem am Ende nicht eingestellt werden, weil er persönlich nicht überzeugt hat.

Schon wenn Sie in den Raum kommen, sollten Sie sich kontrollieren und Unsicherheit verbergen. Viele Menschen huschen einfach durch die Flure und hinterlassen einen „Der-war-aber-irgendwie-komisch-Geschmack". Das liegt ganz einfach daran, dass Sie etwas ängstlich oder unsicher sind und dadurch die Körperspannung und den Auftritt vernachlässigen. Sie können dem entgegenwirken, indem Sie sich auf Ihren Körper und auf Ihren Gesichtsausdruck (freundlich!) konzentrieren.

Tipps

- Gehen Sie gerade, begrüßen Sie alle Anwesenden freundlich.
- Wichtig ist vor allem auch der Händedruck: Fest sollte er sein, niemals lasch, aber auch kein Fingerzerquetscher. Zwischen lasch und übertrieben stark ist nur ein schmaler Grad: Trainieren Sie das Händegeben mit einem Menschen Ihres Vertrauens, der Ihnen auch ehrliches Feedback gibt.
- Wechseln Sie ein paar Worte mit den Anwesenden – etwa der Vorzimmerdame oder Ihren künftigen Kollegen –, schon bevor Sie in den Raum hereingerufen werden. Diese Personen bestimmen die Meinungen über Sie ganz entscheidend mit!
- Sagen Sie irgendetwas. Was genau, ist weniger wichtig, solange es freundlich, positiv und frei von Kommentaren ist. Zum Beispiel:

„Das ist ja ein toller Ausblick!"
„Darf ich meine Tasche bei Ihnen abstellen?"
„Sie haben es aber schön hier!"
„So einen Bildschirm wollte ich auch immer haben. Ist das der ABC?"

1.5 Vorabcheck

Haben Sie Ihre Hausaufgaben schon gemacht? Noch bevor Sie Antworten auf mögliche Fragen studieren, sollten Sie sich gezielt über das Unternehmen informieren. Peinlich, wenn Sie als künftiger Pressesprecher die aktuellen Geschäftskennzahlen nicht kennen oder als Produktmanager nicht auf dem Laufenden sind, was Werbekampagnen betrifft. Jedes Unternehmen möchte, dass Sie gerne bei ihm arbeiten und sich für seine Philosophie und seine Produkte begeistern. Eine Stunde Intensivrecherche ist Minimum. Für die Informationssammlung ist das Internet einfach ideal.

Tipps

- Für die Recherche steht Ihnen nicht nur die Unternehmenswebseite, sondern zusätzlich auch eine riesige Artikeldatenbank im Internet zur Verfügung. Lesen Sie z. B. im Archiv Ihrer regionalen Tageszeitung.
- Lesen Sie die Webseiten durch und verschaffen Sie sich ein Bild über Mitarbeiter, Produkte, Märkte und Wertvorstellungen.
- Unter Google/News können Sie gezielt aktuelle Beiträge zum Unternehmen, seinen Top-Managern und Produkten recherchieren.
- Zusätzlich ist die Lektüre von Fachmagazinen Pflicht.
- Schauen Sie auch mal nach, welche Mitarbeiter des Unternehmens bei der Online-Community XING.com präsent sind und was sie in den dortigen Diskussionsforen zu sagen haben.
- Notieren Sie wichtige Kennzahlen und Fragen, die Ihnen in den Kopf kommen. Mit hoher Wahrscheinlichkeit wird das Unternehmen spätestens am Ende des Gesprächs wissen wollen, ob Sie Fragen haben. Gut, wenn Sie da mehr auf Lager haben, als die Frage nach dem Eintrittsdatum.

- *Das Vier- oder Sechs-Augen-Gespräch ist nach wie vor der Klassiker beim Vorstellungsgespräch. Beim Gremiengespräch (bis zu zwölf Teilnehmer) besteht die Herausforderung darin, alle Teilnehmer gleichermaßen zu würdigen. Im Gruppengespräch müssen Sie sich zusammen mit anderen Bewerbern präsentieren. Beim Pyramidengespräch machen sich die relevanten Entscheider jeweils ihr eigenes Bild von Ihnen. Das Telefoninterview kann einem Assessment-Center vorausgehen.*
- *Setzen Sie sich so, dass Sie alle Anwesenden im Blick haben und sorgen Sie für einen positiven persönlichen Eindruck.*

2. Überzeugen mit Worten und Gesten

Was können Sie mit Geschichten, Beispielen und Bildern im Vorstellungsgespräch bewirken?

Seite 21

Wie argumentieren Sie Ihren Nutzen für das Unternehmen?

Seite 23

Welche Regeln der Rhetorik sollten Sie beachten?

Seite 25

Was versteht man unter „Ablenkern"?

Seite 29

Gute Redner müssen gar nichts Besonderes sagen – sie beeindrucken trotzdem. Auch im Vorstellungsgespräch überzeugt nicht nur das Wort. Vielmehr spielen die nonverbale Kommunikation und die Art, wie Sie sprechen, eine oft viel entscheidendere Rolle.

Es sind die authentischen Bewerber, die ihre Gesprächspartner überzeugen. Das Erfolgsrezept dieser Bewerber kann sich jeder abschauen.

Sie müssen einfach nur neun Dinge tun:

- Erzählen Sie Geschichten, verwenden Sie Beispiele und Bilder.
- Argumentieren Sie Ihren Nutzen für das Unternehmen.
- Verwenden Sie untypische Begriffe.
- Sprechen Sie Gefühle an.
- Machen Sie Pausen.
- Vermeiden Sie „Nicht", „Kein" und Einschränkungen.
- Vermeiden Sie ungünstige Gesprächsmuster und Einstellungen.
- Bekommen Sie Ihre „Macken" in den Griff.
- Achten Sie auf sogenannte „Ablenker".

2.1 Geschichten, Beispiele, Bilder

Sitzen Sie gerade am Flughafen oder in der Bahn? Hören Sie einmal den Gesprächen um sich herum zu: Welche finden Sie interessant, wo hören Sie hin? Ganz sicher dort, wo jemand etwas erzählt, es ausschmückt, lebendig macht. Auch im Vorstellungsgespräch bleiben die Dinge haften, die einen erzählerischen Charakter haben. So können Sie sachlich darlegen, dass Sie in Chemie in der zehnten Klasse eine Fünf hatten und dann Ihr Abi mit Chemie-Leistungskurs und einer Eins absolviert haben.

Viel nachhaltiger ist der Eindruck aber, wenn Sie eine Geschichte dazu erzählen. Zum Beispiel:

„Wie ich zur Chemie kam? In der zehnten Klasse bekam ich eine Fünf. Da habe ich mich sehr über mich selbst geärgert. Noch nie hatte ich eine so schlechte Note! Ich habe mich reingekniet, meine Note innerhalb eines Halbjahrs auf eine Eins korrigiert und schließlich sogar Chemie als Leistungskurs gewählt."

Der Bewerber zeigt mit dieser Geschichte Leistungswillen, Ehrgeiz und eine Wettbewerbsorientierung (Motto: „Jetzt zeig' ich aber, was in mir steckt!"), was in vielen Jobs wichtig ist.

Gerade Antworten auf persönliche Fragen gewinnen durch Beispiele. Sagen Sie nicht nur, was Sie auszeichnet, sondern auch, woran sich das zeigt. Eine rundum langweilige Aussage ist etwa diese: „Ich bin zielstrebig." Jeder würde das behaupten.

Werden Sie konkreter – etwa so:

„Ich erreiche meine Ziele, und das ist wirklich so. Mein Rezept ist, dass ich mir persönliche und fachliche Jahresziele setze, für deren Erreichen ich mich belohne. Zusätzlich nehme ich mir jeden Tag ein kleines Ziel vor. Wenn ich es erreicht habe, lege ich eine Kaffeeboh-

ne in eine Dose. Was denken Sie, wie viele Bohnen dort drin sind?"

Sie werden garantiert als der Kaffeebohnenmensch in die Bewerbergeschichte dieses Unternehmens eingehen. Denn: Beispiele machen Sie merkfähig. Sie sorgen dafür, dass man sich auch Monate später noch an Sie erinnert:

„Ich kenne jeden Mörder der deutschen Kriminalgeschichte mit Namen. Erinnern Sie sich noch an den Schlächter von Potsdam 1987? Er hieß Joachim Bulle."

Wie Beispiele öffnen Bilder das Tor zum Langzeitgedächtnis. Sprechen Sie in Bildern!
Hier ein Beispiel, wie ein Vertriebler den Prozess der Kaltakquise beschreiben könnte:

„Am Anfang müssen Sie den Ball wie beim Minigolf einfach nur zum Rollen bringen. Dann liegt er da und Ihre Aufgabe ist es, ihn Stück für Stück näher ins Loch zu bringen. Das braucht schon so vier bis fünf gezielte Schläge. Am Ball bleiben ist deshalb alles."

2.2 Nutzen argumentieren

Erwarten Sie nicht, dass der Nutzen einer bestimmten Qualifikation oder Erfahrung sofort gesehen wird. Benennen Sie ihn!

„Dank meines fließenden Spanischs könnte ich Projekte in Südamerika übernehmen."

„Die Erfahrungen als studentischer Unternehmer haben mein unternehmerisches Denken geformt. Ich fühle mich dadurch auch ökonomisch verantwortlich für das Unternehmen, in dem ich arbeite, als wäre es mein eigenes."

2.3 Untypische Begriffe verwenden

Flexibel, kommunikativ, zuverlässig – das sind alle Bewerber. Personaler wollen etwas anderes hören, etwas, das authentisch ist und Sie als Mensch erkennbar macht:

„Stellen Sie mich auf einen Messestand. In einer Stunde habe ich mindestens fünf gute Gespräche geführt und fünfmal Interesse an unserem Produkt geweckt." *(Statt: „Ich bin kommunikativ.")*
„Ich kann mich auf sehr unterschiedliche Situationen einstellen. Ja, Veränderung macht mir Freude." *(Statt: „Ich bin flexibel.")*
„Wenn ich etwas zusage, dann mache ich es auch." *(Statt: „Ich bin zuverlässig.")*

2.4 Gefühle ansprechen

Wie befreiend kann gemeinsames Lachen sein? Das Vorstellungsgespräch ist eine tolle Plattform für alle positiven Gefühle. Wer die anderen Gesprächspartner zum Lächeln oder Lachen bewegt, hat damit fast schon gewonnen. Bringen Sie eine Anekdote, einen harmlosen Scherz oder eine selbstironische Äußerung ein. Zum Beispiel so:

„Wie war das nun mit der modernen Etikette? Darf ich Ihnen denn noch Gesundheit wünschen?"

Und schon haben Sie die Lacher auf Ihrer Seite ...

2.5 Pausen machen

Viele Bewerber rattern ihren Text einfach herunter. Unbewusst steckt da oft der Glaube dahinter, dass, wer durch die Sätze hechtet, auf nichts festgenagelt werden kann. Doch bei einem erhöhten Redetempo mit verschluckten Sätzen konzentriert sich der Zuhörer schnell auf Ihre Gestik, Ihre Mimik und Ihre Kleidung. Und merkt sich dann Dinge wie: *„Was für ein billiges Hemd, bestimmt von H&M."* Oder: *„Komisch, warum hat ihm der Zahnarzt keine Klammer für die untere Zahnreihe verordnet."*

2.6 „Nicht", „Kein" und Einschränkungen vermeiden

Da gibt es den Bewerber, der nur „ein bisschen" Ahnung in der Versicherungsbranche hat, oder die Bewerberin, die Englisch „einigermaßen" gut kann. Solche Einschränkungen setzen Sie in ein schlechtes Licht. Denken Sie daran, dass ein Gespräch Vertrauen herstellen soll. Wenn Sie Ihre eigene Kompetenz einschränken, gelingt das nicht.

Auch „Nicht" und „Kein" sind verbotene Wörter. Das Vorstellungsgespräch ist ein Verkaufsgespräch. Und Verkaufsgespräche gelingen nun mal am besten, wenn das Produkt, in dem Fall Sie, positiv beschrieben wird. Ersetzen Sie Sätze mit „Nicht" und „Kein" durch positive Sätze:

Schlecht: *„Ich kann sehr gut schreiben. Was ich nicht so gut kann, ist mit Datenbanken umgehen."*
Gut: *„Ich kann sehr gut schreiben. Im Bereich der Datenbanken habe ich Grundkenntnisse, die ich gerade aktiv erweitere."*

2.7 Macken

Manche Bewerber haben ein „Mäckchen", andere eine ausgeprägte „Macke". Diese kann die inhaltlichen Aussagen beeinträchtigen. Macken können ein „hm", „äh", extremes Nuscheln, Bandwurmsätze, zu kurzes abgehacktes Antworten oder das dauernde Sprechen in der „Man"-Form sein. Manche Menschen rollen ständig ihre Haare oder blicken immer nach unten, andere reden ohne Punkt und Komma. Stress bringt solche „Macken" noch viel deutlicher zutage. Wirken Sie dem entgegen.
Wenn Sie es einrichten können, so nehmen Sie sich selbst einmal mit der Videokamera beim Sprechen auf. Üben Sie dazu die Fragen ab Kapitel 3.
Wenn Sie wissen, was Ihre Macke ist: Kontrollieren Sie sie! Schreiben Sie sich auf eine rote Karte „Stopp". Diese Karte tragen Sie immer bei sich. Wenn Ihre

Macke wieder zutage tritt, denken Sie an die Karte in Ihrer Tasche. Sie werden merken, das wirkt!

Tipps

- Enttarnen Sie Ihre Macken, indem Sie sich auf Video aufnehmen.
- Sprechen Sie alternativ mit sich selbst im Spiegel und nehmen Sie eine Sprechprobe mit PC oder Laptop auf.
- Gewöhnen Sie sich Ihre Macken ab, indem Sie ein anderes Muster darüberlegen. Beispiel: Sie wollen „man" in „ich" verwandeln. Immer wenn Sie „man" verwenden, drücken Sie einen kleinen grünen Flummiball in Ihrer Tasche und sagen „ich".

2.8 Ungünstige Gesprächsmuster und Einstellungen

Gefährlich und kaum in Eigenregie aufzudecken sind ungünstige Gesprächsmuster. Das bedeutet, dass Sie immer wieder in einem Raster antworten, dass einen negativen Schluss auf Ihre Persönlichkeit nahelegt.

Ungünstige Gesprächsmuster	Günstige Gesprächsmuster
Sie beginnen mit Details, was es fast unmöglich macht, Ihnen zu folgen.	Sie beginnen mit einer Zusammenfassung und schildern dann die wesentlichen Details. So kann Ihnen jeder folgen.
Sie rechtfertigen sich nach jeder Aussage („das habe ich gemacht, weil...").	Sie stellen Dinge klar, ohne diese zu begründen.

Sie antworten mit zu vielen Einzelheiten wie z. B. Jahreszahlen, die den anderen ermüden. Sehr gewissenhafte Menschen neigen dazu.	Sie führen den Gesprächspartner mit Bildern und Beispielen durch Ihre Erzählung, konzentrieren sich auf Wesentliches.
Sie antworten extrem kurz angebunden, wie in einem Verhör.	Sie antworten gerafft und mit den wesentlichen zwei, drei Argumenten.
Ihre Schilderungen sind rein chronologisch, nicht inhaltsbezogen.	Ihre Schilderungen beziehen sich auf das für den Gesprächspartner Wesentliche, wobei Sie relevante Informationen kombinieren.

Wenn Sie mehr als drei für Sie überraschende Absagen nach Vorstellungsgesprächen erhalten, sollten Sie einen geschulten Coach aufsuchen, der Ihr Gesprächsmuster analysiert.

Schädliche Einstellungen
Viele Bewerber scheitern an sich selbst. So gibt es eine Reihe von Kandidaten, die das Vorstellungsgespräch einfach nur nervt. Mit dieser Haltung sitzen sie dann dem Personaler gegenüber und haben dann zu wenig schauspielerisches Talent, ihre innere Haltung zu überspielen. Andere empfinden ihr Gegenüber als dumm, arrogant, in jedem Fall unterlegen. Wieder andere erleben die Gesprächssituation ähnlich wie ein Versuchskaninchen im Labor und reagieren mit unterschwelliger Aggression.

Tipps
- Nur wenn Sie anderen Wertschätzung entgegenbringen, werden auch Sie respektvoll behandelt.
- Gehen Sie unvoreingenommen ins Gespräch, interpretieren Sie das Verhalten des anderen nicht.
- Bewahren Sie sich eine grundlegend positive Haltung und gehen Sie davon aus, dass alle nur Gutes von Ihnen wollen.
- Schalten Sie nicht aufgrund missverständlicher oder aus Ihrer Sicht „dummer" Fragen innerlich auf Ablehnung.

2.9 Ablenker

Noch etwas anderes kann den Gesprächserfolg auf einer übergeordneten Ebene gefährden: *Ablenker*. Ich nenne sie so, weil sie den Beobachter vom Inhalt Ihrer Worte ablenken. Typische Gesprächsablenker sind wippende Fußspitzen, Klopfen mit der Kugelschreiberspitze und Kopfwippen. Nicht immer sind es die nervösen, introvertierten Menschen, an denen etwas „ablenkt". Ich habe sehr selbstbewusste Personen erlebt, die ständig im Stuhl nach hinten wippten und dabei mit den Händen über die Lehne strichen. Auch das lenkt ab. Dagegen ist nur ein Kraut gewachsen: Kontrolle.

Tipps

- Sie sollten sich jederzeit bewusst sein, was Hände und Füße tun.
- Checken Sie Ihre Körperhaltung – beim Eintreten in den Raum, beim Händeschütteln, beim Sitzen, beim Aufstehen.

- *Im Vorstellungsgespräch kommt es darauf an, dass Sie Ihr Gegenüber durch eine bildhafte, ausdrucksstarke Sprache und durch Authentizität in Ihrer Haltung überzeugen. Durch geschickte Rhetorik sichern Sie sich die Sympathie des Entscheiders.*
- *Nur wenn Sie anderen Wertschätzung entgegenbringen, werden auch Sie respektvoll behandelt.*
- *Gehen Sie unvoreingenommen ins Gespräch, interpretieren Sie das Verhalten des anderen nicht.*
- *Bewahren Sie sich eine grundlegend positive Haltung und gehen Sie davon aus, dass alle nur Gutes von Ihnen wollen.*
- *Schalten Sie nicht aufgrund missverständlicher oder aus Ihrer Sicht „dummer" Fragen innerlich auf Ablehnung.*

3. Fragen und Antworten

Antworten Sie spontan, aber gut vorbereitet. Berücksichtigen Sie die bereits vorgestellten Regeln der Rhetorik. Bleiben Sie zudem authentisch: Alles Aufgesetzte, Antrainierte, Unnatürliche kommt schlecht an. Einige Autorenkollegen präsentieren 100 Fragen und auch im Internet kursieren lange Listen. So viele Fragen müssen Sie jedoch gar nicht kennen. Viele ähneln sich, außerdem wird jeder Personaler, der etwas auf sich hält, auch ein eigenes Fragesystem entwickeln. Viel wichtiger als eine konkrete Antwort ist eine erkennbare Systematik und innere Logik und Widerspruchsfreiheit in dem, was Sie sagen.

Es reicht völlig aus, wenn Sie sich auf die zehn folgenden Gesprächsabschnitte vorbereiten.

3.1 Warm-up

Mit der Tür ins Haus fallen? Besser nicht: Schaffen Sie erst einmal etwas Atmosphäre, lockern Sie sich und die Gesprächsteilnehmer auf. Schöpfen Sie aus der Themenvielfalt des Small Talks:

Wetter: *„Ein tolles Spätsommerwetter. Das macht richtig gute Laune!"*

Anreise: *„20 Kilometer Stau – da konnte ich mich richtig gut vorbereiten."*

Reisen: *„Ich sehe, Sie mögen Mallorca. Kennen Sie Cala d´Or?"*

Büro: *„Ganz im Corporate Design, sehr professionelle Ausstattung, Kompliment."*

Terminvorbereitung: *„Vielen Dank für Ihre Einladung mit den sehr konkreten Angaben zu dem Gespräch heute. Ihre professionelle Vorgehensweise hat mir sehr gut gefallen. Das ist nicht selbstverständlich."* Komplimente: *„Auf dem Weg hierher habe ich Ihren Podcast gehört. Sehr informativ, es hat mir einige interessante Einblicke gegeben."*

Wenn Ihre Gesprächspartner den Small Talk eröffnen, gehen Sie darauf ein, auch wenn Sie nicht gern über Unwichtiges reden oder sehr nervös sind.

3.2 Fragen zum Unternehmen

Im Anschluss an das Warm-up präsentiert sich das Unternehmen gerne selbst und/oder sagt etwas zur Stelle. Es kann auch sein, dass Ihnen der Ball zugespielt wird und man Sie fragt: *„Was wissen Sie über unsere Firma?"* Darauf sollten Sie mindestens 90 Sekunden etwas sagen können, was möglichst auch mit Ihrem Aufgabenbereich zu tun hat. So sollte ein kaufmännischer Angestellter Kennzahlen im Blick haben, ein Marketingmitarbeiter jüngst erschlossene Märkte und Strategien. Der Sinn dahinter: Der zukünftige Arbeitgeber erkennt dadurch, dass Sie sich wirklich für das Unternehmen interessieren. Die hier vorgegebenen Antworten sind als Antwortbeispiele zu verstehen, die Sie natürlich entsprechend variieren.

„Was wissen Sie über unser Unternehmen und unsere Produkte?"

„Ihr Unternehmen ist mir natürlich seit der Schule ein Begriff. Aber erst vor drei, vier Jahren wurde mir die Bedeutung der Medizinsparte bewusst. Seitdem verfolge ich die Entwicklungen ..."

Setzen Sie dabei Signale, die zeigen, dass Sie das Unternehmen attraktiv finden:

„Ihre Firma ist eine Firma, die ich sehr reizvoll finde. Ich sage Ihnen auch warum ..."

„Ich mag Ihre Firma, Ich mag Ihre Produkte, Ich mag die Art Ihrer Werbung."

„Ich finde die Atmosphäre bei Ihnen sympathisch. Hier herrscht eine motivierende Energie."

Passen Sie die Antworten Ihrem Stil entsprechend an. Wenn Sie nicht der Mensch für große Leidenschaften und überschwängliche Aussagen sind, reduzieren Sie sie auf eine sachlichere Ebene.
Denken Sie an die rhetorische Regel (Seite 22), nach der Geschichten am besten haften bleiben:

„Als ich Student war, bin ich immer an Ihrer Firma vorbeigefahren, habe dieses imposante bunte Gebäude bewundert und mir gesagt: Irgendwann werde ich dort arbeiten!"

Manchmal passt so eine Aussage auch gut ans Ende des Gesprächs. Gelungene Schlusssätze sind fast so wirkungsvoll wie der erste Eindruck!

3.3   Fragen zum Lebenslauf

In nahezu jedem Gespräch kommt am Anfang die Frage oder Bitte, den eigenen Lebenslauf darzustellen. Manche bitten explizit um Kürze oder wünschen sich Meilensteine.

„Erzählen Sie doch mal von sich!"
„Nennen Sie einmal die wichtigsten Meilensteine in Ihrem Leben."
„Sie haben ja einen interessanten Lebenslauf. Erzählen Sie doch mal von sich."

Tipps
- Fassen Sie sich in jedem Fall kurz und raffen Sie Ihren Lebenslauf so, dass Sie wirklich nur das herausstellen, was für das Unternehmen interessant oder relevant ist.
- Planen Sie nicht mehr als drei Minuten Solo-Redezeit ein.
- Entscheiden Sie sich für die wichtigsten vier bis sieben Meilensteine.
- Bauen Sie diese chronologisch oder thematisch aufeinander auf.
- Finden Sie eine innere Gliederung, die nachvollziehbar ist.
- Nutzen Sie Beispiele und die Chance, eine kleine Geschichte zu erzählen. Gehen Sie dabei so vor, dass Sie Ihrer Darstellung immer eine kleine Zusammenfassung voranstellen.

Oft hinterfragen Ihre Gesprächspartner den Lebenslauf einfach nur aus Interesse.

„Was hat Sie motiviert, etwas zu tun, z. B. ins Ausland zu gehen?"

Stellen Sie sich auf Nachfragen ein, etwa: *„Warum gerade nach Spanien?"* Antworten Sie natürlich und ehrlich darauf – jedenfalls sofern der Kern Ihrer Antwort positiv ist und Sie nicht als Faulenzer, Egoist oder Bequemling outet. Sehr schlecht wirken, um beim Beispiel „Spanien" zu bleiben, Antworten vom Stil: *„Da konnte ich am besten Urlaub machen."* Besser: *„Santiago de Compostela hat auf mich schon immer einen besonderen Reiz ausgeübt. Die Uni dort hat einen exzellenten Ruf. Und ein dritter Grund liegt in der Sprache. Ich habe dort mein Spanisch sehr verbessern können."*

Wittern Sie nicht gleich böse Fallen. Setzen Sie Interesse voraus – und Interesse an Ihnen ist immer positiv. Darüber hinaus wollen Ihre Interviewpartner aber auch gern mehr über Sie erfahren. Schließlich kauft niemand gerne eine „Katze im Sack". Deshalb ist es verständlich, dass alle Fragen geklärt werden müssen. Zum Beispiel auch die nach der Motivation, einen bestimmten Job anzunehmen, die Stadt zu wechseln oder sich neu zu orientieren.

„Warum haben Sie dies oder jenes gemacht, z. B. ein Jahr in Nürnberg gearbeitet, um dann wieder nach München zu wechseln?"

„Das hat sich damals einfach so ergeben. Da war dieses Angebot, das ich sehr spannend fand. Und so bin ich nach München gegangen."

Antworten Sie geduldig, auch bei vorwurfsvollem Unterton.

„Warum mussten Sie dieses oder jenes tun, z. B. ein halbes Jahr als Versicherungsmakler arbeiten?"

„Ich habe als Makler gearbeitet, weil ich das wollte. Für mich war das besser, als arbeitslos zu sein. Allerdings habe ich die Zeit ja auch für die Jobsuche genutzt."

In die Kategorie „unangenehm" fallen auch Fragen zum Grund, den derzeitigen Arbeitgeber zu wechseln, nach Arbeitslosigkeit oder Freistellung.

„Wieso wollen Sie den Arbeitgeber wechseln? Sie sind dort erst ein halbes Jahr!"

„Ich möchte nur dann wechseln, wenn die neue Stelle für mich auch wirklich die Herausforderung bietet, die ich mir wünsche. Deshalb sitze ich hier."

„Sie haben eine verantwortungsvolle Position. Warum wollen Sie die aufgeben?

„Ich gebe nur etwas auf, wenn ich für mich persönlich dazugewinne. Ihr Job beinhaltet weniger Führung, aber spannende Fachaufgaben. Das motiviert mich sehr."

„Sind Sie freigestellt?"

„Ja. Dies ermöglicht es mir, mich ganz auf die Jobsuche zu konzentrieren."

„Wurden Sie in der Probezeit gekündigt?"

"Wir haben uns gemeinsam entschieden, den Arbeitsvertrag aufzulösen. Die Stelle hat sich nach kurzer Zeit in eine ganz andere Richtung entwickelt. Nun freue ich mich auf eine Position, die besser passt."

Zeugnisse werden oft wenig beachtet. Sollte jedoch eine Falle in Ihrem Zeugnis eingebaut sein, mit oder ohne Absicht des vorherigen Arbeitgebers, bohren Ihre Interviewpartner sicher auch nach den Gründen. Typische Fallen sind Aussagen, die nahelegen, dass Sie mit dem Chef Probleme hatten. Legen Sie sich Antworten dafür zurecht.

„Kann es sein, dass es Probleme mit Ihrem Vorgesetzten gab?"

In so einer Situation ist es gut, erst einmal den Ball zurückzuspielen.

„Wie kommen Sie zu dieser Annahme?"
„Ich lese es im Zeugnis."
„Mir ist bewusst, dass es diese Formulierung dort gibt. Ich wusste damals noch nicht, dass ein Chefkonflikt angenommen werden könnte, wenn im Zeugnis bei der Verhaltensbeurteilung zuerst die Kollegen und dann erst der Vorgesetzte erwähnt werden. Das habe ich erst viel später erfahren."

Natürlich können sich Fragen auch auf Schulzeugnisse oder Uni-Diplome beziehen.

„Warum waren Sie in Mathe immer so schlecht?"

„Ich weiß nicht, was Sie schlussfolgern lässt, dass ich immer schlecht war. Zwischenzeitlich hatte ich auch Einsen. Aber klar, Mathe war nie mein Favorit, ich bin einfach ein Sprach- und Kommunikationstalent."

„Ihre Note in Betriebswirtschaft ist unterdurchschnittlich. Wie kommt das?"

„Unterdurchschnittlich? Wie kommen Sie darauf? Ich lag im Mittelfeld. Die Note hätte besser sein können. Sicher kennen Sie das auch: Manche Dozenten vermitteln Themen lebendig, andere immerhin mittelmäßig. Mein BWL-Dozent konnte weder das eine noch das andere."

Fachfragen sind Fragen, bei denen Sie sich wahrscheinlich zu Hause fühlen. Manchmal jedoch erlebe ich Bewerber, die nicht mit solchen Fragen rechnen. So wird ein IT-Spezialist die aktuellen Entwicklungen in seinem Gebiet darlegen können und vielleicht auch kommentieren müssen. Kreative könnten aufgefordert werden, im Gespräch Ideen zu entwickeln. So stellten die Manager eines Spirituosenherstellers eine leere Flasche mit weißem Etikett auf den Tisch und baten um kreativen Input für dessen Gestaltung.

„Was ist ...?"
„Was wissen Sie über ...?"
„Kennen Sie ...?"
„Wie gefällt Ihnen ...?"

Tipps

- Stellen Sie sich auf Wissensfragen ein, bei denen es um aktuelle Entwicklungen geht.
- Rechnen Sie damit, dass jemand vom Fach am Gespräch teilnimmt.
- Konstruieren Sie logische Fragen, die sich aus der Aufgabe ergeben, üben Sie Antworten dazu.
- Wenn Sie nicht auf jedem Gebiet sicher sind, informieren Sie sich, z. B. im Internet. Oft reicht oberflächliches Wissen erst einmal aus, improvisieren Sie.

3.4 Lösungsfragen

Typisch für höher qualifizierte Jobs sind Lösungsfragen. Die Manager und Personaler wollen von Ihnen wissen, was Sie machen würden, wenn … Die konstruierten Fälle beziehen sich auf das neue Aufgabengebiet.

„Sie sollen in zwei Wochen eine Außendienstveranstaltung mit 100 internationalen Teilnehmern organisieren. Das sind alles erfahrene Leute, die verwöhnt sind und etwas erwarten. Was bieten Sie?"

Eine gute Antwortstrategie liegt erst einmal darin, die Aufgabe zu hinterfragen. Es ist ein Risiko, sofort mit Ideen hervorzupreschen. Sie könnten fragen:

„Was genau soll denn das Ziel der Veranstaltung sein?"

Lösungsfragen können sich auch auf den persönlichen Bereich beziehen. Dann geht es darum, herauszufinden, wie Sie persönlich mit bestimmten Situationen umgehen.

„In Ihrem Team gibt es jemanden, der eine Kollegin mobbt. Was tun Sie?"

„Ich würde erst einmal mit beiden sprechen und mir einen Eindruck von beiden Sichtweisen verschaffen. Ist es eindeutig Mobbing, würde ich die Ursachen ermitteln, wie das entstehen konnte, und scharf dagegen vorgehen."

„Wie reagieren Sie, wenn von drei verschiedenen Seiten unterschiedliche Erwartungen an Sie herangetragen werden und Sie allen gerecht werden wollen?"

„Ruhig. Ich höre mir alles an und entscheide dann, wem ich gerecht werden muss. Allen gerecht werden kann niemand. Entscheidend ist das zu erreichende Ziel."

3.5   Fragen zum Führungsstil

Wenn Sie Führung anstreben oder bereits eine Leitungsfunktion innehatten, so kommt mit hoher Wahrscheinlichkeit auch dieses Thema auf den Tagesplan. Machen Sie sich bewusst, was für ein Führungstyp Sie sind! Wie führen Sie – kooperativ oder autoritär? Und: Wie würden Sie Führungsprobleme lösen?

„Was haben Ihre Mitarbeiter in früheren Positionen über Sie gesagt?"

„Meine Mitarbeiter haben meine sehr gute Informationspolitik immer gelobt. Sie fühlten sich gut informiert und waren deshalb auch leicht für Unternehmensziele zu gewinnen."

In den meisten Unternehmen gibt es inzwischen Führungsinstrumente, etwa Zielvereinbarungen oder 360-Grad-Feedbacks. Sie sollten hier zumindest die wichtigsten Tools kennen, auch wenn diese in Ihrem früheren Unternehmen nicht genutzt worden sind.

„Wie stellen Sie sicher, dass die Ergebnisse des Zielvereinbarungsgesprächs auch umgesetzt werden?"

„Das gewährleiste ich durch regelmäßige Gespräche. Bei mir gibt es wöchentlich einen Jour fixe mit allen Teammitgliedern. Einmal im Monat setze ich mich für ein Feedbackgespräch mit dem Mitarbeiter zusammen. Das hat sich sehr bewährt."

Weitere Fragen könnten darauf zielen, wie Sie mit schwierigen Situationen umgehen.

„Stellen Sie sich vor, in Ihrem Team sind vier Ingenieure, drei davon sind bereits über 50 und seit mehr als 20 Jahren bei uns und etwas lethargisch. Einer davon hat damit gerechnet, Ihre Position zu bekommen, und verweigert nun die Leistung."

„Sie wissen ja: Ein neues Gesicht vertreibt erst einmal die Lethargie. Es wird neue Projekte und regelmäßige Kommunikation geben. Den gekränkten Kollegen

werde ich zum Gespräch bitten, das Thema offen an-
sprechen und gemeinsame Lösungen ausarbeiten, die
die Verweigerungshaltung aufbrechen."

Natürlich wird man Sie dann nach Ihren Lösungen
und Rezepten fragen. Sie sollten diese also gedanklich
vorbereitet haben. Eine mögliche Lösung im Fallbei-
spiel könnte die Übertragung von mehr Verantwor-
tung, etwa in einem neuen Projekt, sein.

3.6   Fragen zur Persönlichkeit

Manche Bewerber glauben oft, sie müssten irgendetwas erfinden oder bestimmte Adjektive benutzen.
Falsch: Ihre Gesprächspartner möchten Sie kennenlernen. Nicht mehr und nicht weniger. Dabei helfen
ganz normale Alltagsformulierungen am besten.
Schaffen Sie Vertrauen, auch wenn es um Ihre
Schwächen geht. Vertrauen darauf, dass Sie mit Ihrer
Persönlichkeit die anstehenden Aufgaben lösen können,
auch wenn Sie nicht perfekt sind. Wer ist das schon?

Schlecht: *"Was ich nicht so gut kann, ist Kunden am*
Telefon überzeugen."
Gut: *"Ich begeistere Menschen, wenn ich mit ihnen*
persönlich spreche. Am Telefon fällt mir das noch
schwerer, da habe ich noch wenig Erfahrung. Ich
würde gern einen Kurs belegen."

Üblich sind die Fragen zu Ihren größten Stärken und
Schwächen, manchmal auch anders verpackt.

„Was sind Ihre größten Stärken?"
„Welche Kompetenzen können Sie bei uns einbringen?"

Schlecht: *„Flexibilität, Zielstrebigkeit und analytisches Denkvermögen."*

Gut ist alles, was in Ihr Aufgabengebiet passt:

„Ich wirke bei der Softwareentwicklung gestaltend mit, bringe Ideen ein und interessiere mich für die Gesamtzusammenhänge. Das hat den Vorteil, dass ich Aufgaben sehr viel effizienter löse. Zudem bin ich sehr zielstrebig. Ich gehe nie nach Hause, ohne mein Ziel erreicht zu haben, das ich mir am Morgen gesetzt habe."

Ihre Kompetenzen sollten zur Stelle passen. So müssen Buchhalter keine großen Redner sein. Bei einem Vertriebler könnte das Bekenntnis zu allzu großer Ehrlichkeit irritieren. Der Sales-Mensch soll ja motivieren und überzeugen, und das bedeutet manchmal eben auch: (ver-)schweigen können.
Bringen Sie nach Möglichkeit Beispiele. Sie sind wie ein Haftkleber. Sagen Sie deshalb immer, woran sich zeigt, dass Sie soundso sind.
Aus den genannten Kompetenzen muss sich ein harmonisches Bild ergeben. Manager, die große Schritte gehen, sind in den seltensten Fällen gleichzeitig detailorientiert. Umgekehrt sind sehr genaue Menschen dann eben nur in Ausnahmefällen zugleich auch Gestalter, die aufbauen, anpacken, neu schaffen. Vermeiden Sie Widersprüche!

Die Frage nach den Schwächen beunruhigt viele Bewerber. Vermeiden Sie Antworten vom Stil „ich arbeite zu viel", „esse zu viel Schokolade" oder „bin manchmal ungeduldig". Das wird einfach zu oft gesagt. Stellen Sie sich einen Personalverantwortlichen vor, der zehn Vorstellungsgespräche am Tag führt und immer wieder hören muss: „Ich bin ungeduldig." Das gibt Punkteabzug für fehlende Kreativität. Aber: Beschreiben Sie Schwächen nie en détail – sonst bleiben sie zu stark haften.

„Jeder hat doch Schattenseiten! Was sind Ihre?"

„Ich bin sehr schnell, schneller als viele andere. Ich entscheide auch schnell, handle schnell. Das führt dazu, dass ich mich manchmal zügeln muss, damit ich Dinge nicht überstürze. Ich stelle mir dann einen Schalthebel im Auto vor und setze mich selbst einen Gang zurück."

Beliebt sind Fragen, die die Fremdsicht auf Sie betreffen. Mit so einer Frage möchten Ihre Gesprächspartner erfahren, wie andere Sie sehen – Ihr Professor, Ihr ehemaliger Arbeitgeber, die Kollegen, der beste Freund, die Mutter. Wappnen Sie sich! Wenn Sie sagen: „Keine Ahnung", kommt das schlecht an, denn eine gewisse Selbstreflexion setzen Personaler voraus.

„Was stört denn Ihren besten Freund an Ihnen?"

„Er schätzt mich sehr, wir kennen uns zwanzig Jahre. Was ihn schon mal stört, ist meine Begeisterungsfähig-

keit für Technik jeder Art. Ich kaufe mir immer die neuesten Geräte und kann mich stundenlang damit beschäftigen."

Schauspielern Sie nicht. Personaler sind psychologisch geschult und in der Lage, Täuschungsversuche zu enttarnen. Wenn Sie total schüchtern rüberkommen, so ist es durchaus okay, zu thematisieren, was ohnehin spürbar ist.

„Ich bin am Anfang sicher eher zurückhaltend. Ich lerne gerade, mehr auf Menschen zuzugehen, zum Beispiel indem ich das Thema offen anspreche."

3.7 Zielfragen

Was sind Ihre mittel- und langfristigen Planungen? Bereiten Sie sich darauf vor, dass Ihre Gesprächspartner dies sehr gern wissen möchten. Auch hier lautet die Strategie: Seien Sie ehrlich und positiv. Geht es Ihnen vor allem um persönliche und fachliche Weiterentwicklung, so sagen Sie das.

„Wo sehen Sie sich in fünf Jahren?"

„Ich möchte sehr gern in zwei, drei Jahren Senior Product Manager sein. Danach wünsche ich mir eine Leitungsposition mit Führungsverantwortung."

„Mir ist es wichtig, mich fachlich und auch persönlich zu entwickeln. Deshalb fand ich sehr spannend, was

Sie zum Thema Weiterbildung gesagt haben. Ich kann Ihnen aber nicht sagen, in welche Position mich das führt. Darüber sollten wir dann zu gegebener Zeit sprechen."

„Was sind Ihre langfristigen Karrierepläne?"

„Sehen Sie, ich plane gern und setze mir Ziele. Aber ich möchte auch gern eine flexible Entwicklung zulassen. Jetzt erst einmal freue ich mich auf die Chance, als Trainee eine Menge dazuzulernen."

Sollte das Gespräch sich in Richtung Familienplanung entwickeln, empfiehlt es sich, neugierige Fragen sanft abzufedern. Sagen Sie, dass Sie sich darüber jetzt noch keine Gedanken machen wollen.

„Wie sieht denn Ihre private Planung aus?"

„Ich freue mich auf die neue Aufgabe. Die steht jetzt erst einmal in meiner Planung. Alles Weitere sehen wir später."

3.8   Stressfragen

Alle Bewerber fürchten sie: Provokationen. Dabei sind diese durchaus sinnvoll. Tatsächlich zeigt ein unter Stress gesetzter Bewerber schnell sein wahres Gesicht. Und genau das ist das Ziel einer Provokation. Das Unternehmen will auch wissen, ob Sie Grenzen setzen können. So hörte ich von einer Bewerberin, deren

Mappe vom Personaler „zerrissen" wurde. Sie nahm die Mappe und ging. Später rief der Personaler an, entschuldigte sich und bat zum zweiten Gespräch.

Manch komische Frage, seltsames Verhalten oder dumme Bemerkung ist einfach nur Show. Gehen Sie deshalb locker damit um.

„Wir denken, Sie sind für den Job einfach nicht geeignet."

„Darf ich fragen, weshalb Sie zu diesem Schluss kommen? Nach dem, was ich über die Stelle weiß, ist sie genau richtig."

Einige Fragen dürfen Unternehmen gar nicht stellen, etwa die nach einer bestehenden Schwangerschaft. Reagieren Sie gelassen auf solche Fragen.

„Diese Frage geht mir zu weit. Lassen Sie uns über die Aufgabe sprechen."
„Warum fragen Sie das jetzt? Aus meiner Sicht gehört das nicht hierher. Sehen Sie das anders?"

3.9   Die Gehaltsfrage

Meist ist die Frage nach Ihren Gehaltswünschen eine der letzten. Mitunter kommt Sie auch erst im zweiten Gespräch auf den Tisch. Gehen Sie immer mit drei Zahlen in das Gehaltsgespräch. Die eine Zahl ist Ihr Kernziel – dieses möchten Sie erreichen. Eine andere Zahl beschreibt Ihr Idealziel: Auf dieser Basis sollten

Sie verhandeln, sie ist die erste Zahl, die Sie als Wunschgehalt nennen. Die letzte Zahl ist Ihr Ausstiegsziel: Darunter gehen Sie nicht. Wenn Ihnen ein Angebot unterhalb dieser virtuellen Gehaltsgürtellinie gemacht wird, so lehnen Sie ab.

„Dies ist meine Schmerzgrenze. Darunter möchte ich nicht gehen. Bedenken Sie, dass Sie mit mir einen kompetenten und erfahrenen Mitarbeiter gewinnen. Das Gehalt muss dem entsprechen."

Nennen Sie immer das Bruttojahresgehalt. Gehälter sind sehr unterschiedlich bemessen je nach Branche, Region, Position und Unternehmensgröße. Informieren Sie sich zuvor über übliche Gehälter, zum Beispiel bei *www.personalmarkt.de.* Hier können Sie auch eine Gehaltsanalyse erstellen lassen.

Oft wird empfohlen, eine Spanne zu nennen. Dies ist jedoch heikel, denn im Zweifelsfall ist der untere Wert der maßgebliche. Besser Sie nennen „Hausnummern".

„Ich stelle mir 55.000 Euro vor. Wichtig ist mir außerdem mindestens eine Weiterbildung pro Jahr."

Haben Sie Ihren Gehaltswunsch bereits im Anschreiben genannt, so können Sie nun nicht höhergehen. Auch starke Abweichungen nach unten machen Sie unglaubwürdig. Werden Sie sich nicht einig, machen Sie Angebote:

- Weniger Gehalt in der Probezeit, danach mehr (aber festgeschrieben im Arbeitsvertrag).

- Gehalt ist in Ordnung, wenn Sie dafür Freitagnachmittag ab 15 Uhr Feierabend haben.
- Das Unternehmen finanziert Ihnen als Ausgleich für das geringere Gehalt eine Projektmanagerqualifizierung.

Gehalt besteht aus verschiedenen Faktoren. Zu den monatlichen Überweisungen kommen noch Provisionen, Gratifikationen, betriebliche Leistungen wie die Rentenversicherung und sogenannte Fringe Benefits. Dahinter stecken sonstige Leistungen wie der Firmenwagen, Weiterbildungstage pro Jahr oder der Blackberry und das Notebook. Beziehen Sie die Fringe Benefits in Ihre Gehaltswünsche mit ein. Fragen Sie sich, was Ihnen wichtig ist. Wenn ein Unternehmen Sie wirklich haben möchte, ist es zu allerlei bereit. So kenne ich eine Firma, die einer Mutter 60 statt 30 Urlaubstage gewährt, und Unternehmen, die sich auf die 4-Tage-Woche einlassen. Solche Leistungen sind in vielen Fällen wichtiger als 5000 Euro mehr im Jahr.

3.10 Haben Sie noch Fragen?

Stellen Sie am Ende kluge Fragen. Kluge Fragen zeigen, dass Sie sich informiert haben, neugierig und interessiert sind. Übertreiben Sie es aber nicht mit Ihrem Fragenkatalog. Versuchen Sie zu erspüren, wann Sie anfangen, die Geduld oder kalkulierte Zeit zu strapazieren – oder wann Sie den Gesprächspartner überfordern, weil er auch keine Antwort weiß. Auch moralisch-ethische Fragen gehören nicht ins Vorstellungsgespräch.

"Welche Zukunftsmärkte sehen Sie mit Ihren Produkten?"
"Ich habe gelesen, dass Sie nach China expandieren möchten? Was bedeutet das für die Stelle?"
"Ist die Stelle neu geschaffen worden?"
"Gibt es bei Ihnen Führungsrichtlinien?"

Hier noch einmal die zehn Gesprächsphasen im Überblick:

Phase/Frage	Antwort
Warm-up	Themen für Small Talk: Wetter, Anreise, Terminvorbereitung, Büro, Komplimente
Fragen zum Unternehmen *Was wissen Sie von unserem Unternehmen?*	Zeigen Sie, dass Sie das Unternehmen attraktiv finden.
Fragen zum Lebenslauf Arbeitgeberwechsel, Zeugnis, Fachfragen	Nicht mehr als 4–7 Meilensteine!
Lösungsfragen – *Wie würden Sie ...?*	Hinterfragen Sie die gestellte Aufgabe. Welche Antwort wäre logisch?
Führungsstilfragen – *Wie führen Sie?*	Wie würden Sie mit Mitarbeitern und schwierigen Situationen umgehen?
Fragen zur Persönlichkeit	Denken Sie an Stärken, Schwächen und die Fremdsicht.
Zielfragen – *Wo sehen Sie sich in fünf Jahren?*	Nennen Sie Ihre mittel- und langfristigen Planungen.

Stressfragen	Reagieren Sie gelassen!
Die Gehaltsfrage	Denken Sie an Ihr Kern-, Ideal- und Ausstiegsziel. Gehen Sie nicht unter Ihre „Schmerzgrenze"!
Haben Sie noch Fragen?	Stellen Sie kluge Fragen, die Ihr Interesse zeigen.

Bereiten Sie sich gut auf die zehn essenziellen Ge- *sprächsabschnitte vor. Unterschätzen Sie nicht die Bedeutung des Small Talks, informieren Sie sich über das Unternehmen und zeigen Sie Interesse für den neuen Arbeitgeber. Präsentieren Sie sich als lösungsorientierter, anpackender Mensch und lassen Sie sich nicht durch Stressfragen aus der Fassung bringen!*

4. Wunde Punkte und Schönheitsmängel im Lebenslauf

Wie präsentieren Sie „komische" Stationen im Lebenslauf ?

Sie haben zu lange studiert?

Probleme beim Arbeitszeugnis?

Lücken im Lebenslauf?

Schauen Sie sich Ihren Lebenslauf einmal kritisch an. Was sind die wunden Punkte? Welche Angaben könnten Nachfragen provozieren? Richten Sie zunächst einmal einen neutralen Blick auf Ihren Lebenslauf. Wenn Ihnen das schwerfällt, lassen Sie einen Bekannten darauf schauen.

Fragen Sie sich:
- Gibt es Schönheitsmängel?
- Sind da Positionen, die nicht zu den anderen passen, z. B. weil Sie unterqualifiziert eingesetzt worden sind?
- Existieren kurz aufeinanderfolgende Stationen, die nach „Hopping" aussehen mögen?
- Könnte erkennbar sein, dass Sie herabgestuft worden sind, z. B. weil Sie ein kleineres Verkaufsgebiet erhalten haben?
- Waren Sie selbstständig?
- Gibt es unbelegte Zeiten, also Lücken?
- Wiederholt sich Arbeitslosigkeit?
- Wiederholen sich Zeitverträge?

Schreiben Sie alle wunden Punkte auf, die Ihnen bereits länger bewusst sind oder die Ihnen jetzt erst auffallen. Was könnten Sie dazu sagen, ohne sich selbst ins Aus zu schießen? Denken Sie an die Regel: Ihre Antworten sollten authentisch sein, zugleich positiv und immer nachvollziehbar.

4.1 Eine „komische" Tätigkeit

Sie waren beispielsweise ein Jahr als Versicherungs-
vertreter tätig, kommen aber aus dem Marketing. Die
Tätigkeit hatten Sie aus der Not heraus in einer Phase
schlechter Konjunktur übernommen. Eine ähnliche
Situation liegt vor, wenn Sie zeitweise im Callcenter
gearbeitet haben oder freiberuflich tätig gewesen sind.

Strategie
Sprechen Sie darüber, aber bitte kurz. Hängen bleiben
sollte nicht diese unwichtige Position, sondern das,
was Sie sonst für das neue Unternehmen leisten können. Deswegen: Nicht ausschmücken, kurz den Grund
nennen und zum nächsten Thema überwechseln.

„Warum haben Sie 2005 als Vertreter gearbeitet?"

*„Ich bin ein Marketingmensch, das sehen Sie ja an mei-
nem Lebenslauf. Damals war es sehr schwer, einen Job
in meinem Bereich zu finden. Anstatt arbeitslos zu werden, habe ich mich für diese Übergangstätigkeit entschieden. Es war von vorneherein klar, dass ich mich in
dieser Zeit weiter um eine Tätigkeit in meinem ur-
sprünglichen Bereich bemühe."*

4.2 Häufige Wechsel

Sie haben eine Phase in Ihrem Lebenslauf, in der sich
mehrere sehr kurze Positionen aneinanderreihen. Der
Grund dafür ist, dass entweder Sie oder das Unter-

nehmen in der Probezeit gekündigt haben. Sie können so antworten:

„Es ist mein Wunsch, eine dauerhafte Position zu finden, in der ich mich voll einbringen kann, zum Gewinn des Unternehmens. Damals habe ich mich immer wieder als Pflegekraft beworben, obwohl ich im Grunde aus diesem Job herauswollte. Ich habe danach meine Bewerbungsstrategie überdacht und mich nach der Position beim Meyer Pflegedienst noch auf Stellen als medizinische Sachbearbeiterin beworben."

4.3 Sie wurden herabgestuft

Sie waren Verkaufsleiter für das Gebiet München und wurden dann nach Mainz versetzt. Dies wird im Gespräch thematisiert und sofort als Herabstufung erkannt.

Strategie

Schreiben Sie sich Ihre Erfolge auf – und zwar jeweils für die Zeit vor und nach der Herabstufung. Geben Sie im Gespräch zu, was offensichtlich ist. Vermeiden Sie aber, ein Versagen einzugestehen. Lassen Sie sich auch nicht provozieren. Oft ist Provokation in solchen Fällen einfach nur eine Taktik, um die Wahrheit herauszubekommen.

Betonen Sie etwas, das zum Ausdruck bringt, wie viel Sie nach der Degradierung geleistet haben. Stellen Sie den Aspekt heraus, von dem auch der neue Arbeitgeber profitieren kann. Wenn Sie zum Beispiel einen

Bereich neu aufgebaut haben und auch beim neuen Arbeitgeber „zupacken" sollen, stellen Sie dies heraus.

„Ich habe in München drei neue Großkunden gewonnen und den Umsatz um zehn Prozent gesteigert. Meine Versetzung nach Mainz hatte nichts mit den Leistungen zu tun. Es war vielmehr eine Art Geschenk an meinen Nachfolger. Sie wissen, was ich meine. Ich habe Mainz auch als Chance gesehen, eine Vertriebsfiliale ganz neu aufzubauen und zu strukturieren. Mainz lag umsatzmäßig brach, als ich da hinkam. Ich konnte den Umsatz um mehr als 100 Prozent steigern und den Standort auch in der Öffentlichkeit bekannt machen."

4.4   Selbstständigkeit

Frühere unternehmerische Aktivität ist in bestimmten Branchen und Unternehmen kein Problem. Amerikanische Firmen, Agenturen sowie Firmen aus IT und Internet werden Selbstständigkeit in der Regel positiv bewerten, erst recht wenn diese neben dem Studium ausgeübt worden ist und etwas mit dem Thema des Unternehmens zu tun hat, bei dem Sie sich bewerben. Problematisch kann allerdings eine Selbstständigkeit von mehr als drei Jahren werden, die nicht nur studienbegleitend, sondern hauptberuflich ausgeübt worden ist. Ich mache immer wieder die Erfahrung, dass ehemalige Unternehmer selten zu Vorstellungsgesprächen eingeladen werden.

Werten Sie die Einladung an sich deshalb erst einmal

als positives Zeichen. Auch Konzerne und traditionelle Unternehmen sehen Unternehmer tendenziell eher kritisch. Hinter dieser Vorsicht steckt die Angst, dass Selbstständige oft von einem starken Wunsch nach Eigenständigkeit angetrieben werden. Sie entscheiden gern selbst, lassen sich ungern reinreden und lieben ihre Freiheit bei der Zeiteinteilung. Wägen Sie also zunächst ab, ob Ihre Selbstständigkeit positiv gewertet werden oder ob eine kritische Einstellung bestehen könnte.

Strategie

Wenn Sie als Student nebenbei als IT-Berater tätig waren und nun voll als Consultant einsteigen wollen – wunderbar. Dann ist Ihre selbstständige Tätigkeit eindeutig ein Vorteil. Auch wenn Sie im Internet erfolgreich ein Portal aufgebaut und vermarktet haben und sich nun für eine Stelle im Bereich Internet-Marketing vorstellen, so sind Sie in einer vorteilhaften Situation. Betonen Sie, was Sie geleistet haben, unterstreichen Sie die erworbenen Kenntnisse und die gewonnene Berufserfahrung.

Schwieriger wird es, wenn Sie beispielsweise 15 Jahre als selbstständiger Handelsvertreter für Wein gearbeitet haben. Auch ein Eventmanager, der acht Jahre lang viel Geld als freiberuflicher Projektpartner erwirtschaftet hat, wird kritisch beäugt werden. Immer steht die Frage im Raum, ob Sie sich denn noch in die üblichen Systeme und Prozesse eingliedern können. Ob Sie beispielsweise zu festen Zeiten, in einem festen Team, mit einem (im Fall Eventmanagement) klar dünneren Salär nach Hause gehen möchten. Und vor allem: Ob Sie sich noch etwas sagen lassen, wenn Sie zuvor immer alles allein entscheiden durften.

Überlegen Sie zunächst, was Ihre Beweggründe sind, die Selbstständigkeit aufzugeben. Das können z. B. folgende Überlegungen sein:

„Ich bin sehr erfolgreich und habe sehr viele Erfahrungen und auch Kontakte gesammelt. Ich bin aber auch Einzelkämpfer, und das eher unfreiwillig. In letzter Zeit vermisse ich ein Team um mich herum. Ich weiß, dass ich mich da sehr gut eingliedern kann und dies auch möchte. Das ist meine hauptsächliche Motivation. Hinzu kommt, dass ich nach so vielen Jahren auch etwas Neues kennenlernen und erleben will. Irgendwann wird auch eine Selbstständigkeit langweilig, ich brauche eine neue Herausforderung. Bei Ihnen …“

4.5 Zu langes Studium

40 Semester Studium – was angesichts der Studiengebühren heute undenkbar scheint, früher war es möglich. So sehe ich zahllose Lebensläufe, in denen das Studium eine enorme Zeitspanne einnimmt. Die Ursachen sind vielfältig. Dahinter kann von schlichter Faulheit bis zur Pflege der Eltern und zur eigenen Krebserkrankung so ziemlich alles stecken. Auch Unfälle, Burn-out oder Scheidungen rechtfertigen eine längere Auszeit vom Studium. In der Bewerbung sollten solche Gründe jedoch nicht präsentiert werden. Wer sich von einer Scheidung derart aus der Bahn werfen lässt, so interpretiert der deutsche Personaler, ist

auch sonst nicht gefestigt und verfügt über eine zu geringe „emotionale Stabilität".

Strategie

Überlegen Sie zuerst einmal, wie groß das „Problem" für den Entscheider ist und welche Ängste und Bedenken das offene Aussprechen auslösen mag. Faustregel: Kritisch sind alle Punkte, die auch weiter fortbestehen (könnten), wenn Sie den Job annehmen. Niemals auf den Tisch kommen sollten Depressionen und stationäre Aufenthalte in einer psychiatrischen Klinik. Ausnahme ist der soziale Bereich, in dem eigene Erfahrungen mit Krankheit und psychischen Belastungssituationen durchaus positiv gewertet werden. Auch Burn-outs, die zu 15 Semestern Pädagogik geführt haben, können hier durchaus erwähnt werden. Entscheidend ist, dass Sie daraus etwas gelernt haben, Sie zum Beispiel nun besser mit sich selbst umgehen und Ihre Gesundheit schützen.

Wenn Erkrankungen die Ursache für lange Studiendauer oder berufliche Auszeiten sind, gibt es kein Patentrezept. Krankheiten können zur Sprache kommen, wenn sie ausgestanden sind. Sie muss angesprochen werden, wenn sie Sie weiterhin beeinträchtigt. Wenn die Krankheit ausgestanden ist, entscheiden Sie nach Ihrem inneren Gefühl. Stehen Sie voll dahinter und sehen Sie die Krankheit als wertvollen Entwicklungsschritt, so thematisieren Sie sie, wenn das lange Studium angesprochen wird.

Allerdings: Thematisieren Sie solche Gründe nie schon in der Bewerbung, immer erst im Gespräch!

Wenn Sie lange studiert haben, weil Sie arbeiten und

sich den Unterhalt verdienen mussten, so sagen Sie dies unbedingt. Bedenken Sie allerdings, dass viele Studenten arbeiten und trotzdem einen schnelleren Abschluss schaffen. Betonen Sie bei so einem Argument den Umfang der Tätigkeit und dass es mehr war als einfach nur „Jobben".

„Viele jobben, natürlich. Ich habe allerdings zwanzig Stunden in der Woche als Rechtsanwaltsgehilfin gearbeitet."

Prüfungsangst ist ein weiterer Grund, der das Studium in die Länge zieht. Auch diesen Grund können Sie ansprechen, wenn Sie zugleich signalisieren, etwas gegen Ihre Angst getan zu haben, zum Beispiel durch das Erlernen einer Entspannungstechnik wie autogenes Training oder Zen-Meditation.

„Ich habe mein Studienende immer wieder herausgezögert, obwohl ich schon zwei Jahre vor dem Abschluss alle Scheine zusammen hatte. Der Grund dafür war Prüfungsangst. Mit autogenem Training und einem Coaching habe ich das in den Griff bekommen."

4.6 Schlechte Noten, Abschluss nicht geschafft

Waren Sie einfach faul? Oder vielleicht zu perfektionistisch? Oft begegnen mir Menschen, die sich zu lange an einem Thema aufhalten und nicht zum Ende kommen. Ob dies der Grund ist oder ein anderer:

Ermitteln Sie also zunächst einmal die Ursache für Ihr schlechtes Abschneiden. Entscheiden Sie dann, ob es ein Grund ist, den Sie nach außen tragen können.

Tabu!
- Nicht thematisieren sollten Sie beispielsweise, dass Sie gemerkt haben, dass Jura eigentlich überhaupt nicht Ihr Thema und stinklangweilig ist … jedenfalls wenn Ihr neuer Job im juristischen Umfeld angesiedelt ist.
- Unterlassen sollten Sie auch jedwede Anschuldigung der „bösen" Professoren oder Mutmaßungen darüber, dass Sie einfach unbeliebt waren und der Professor Ihnen eins auswischen wollte.

Erlaubt!
- Thematisierbar ist eine falsche Schwerpunktsetzung. Sie haben zu viel Zeit in Ihren Job gesteckt und darüber das Studium vernachlässigt.
- Auch das falsche Thema in der Diplomarbeit, die Erkrankung Ihrer Mutter in der Diplomphase oder Prüfungsangst können als Begründungen herhalten.
- Ein „ehrlich gesagt, ich hab mich zu wenig vorbereitet" kann ohne weitere Begründung entwaffnend wirken.
- Und nicht zuletzt auch der Hinweis, dass Sie „nun mal einfach kein Theoretiker, sondern ein Praktiker" sind – vor allem wenn der Job, den Sie anstreben, einen entsprechend hohen Praxisbezug hat.

„Warum haben Sie so schlechte Noten?"

„Meine Note lag im unteren Mittelfeld. Ich bin einfach kein theoretischer Mensch. Mir fehlte im Studium immer der Praxisbezug. Wenn ich etwas programmieren kann, bin ich richtig gut – Sie sehen an meinen Referenzen, wie begeistert meine Arbeitgeber immer waren. Die Programmierkenntnisse werden nur leider im Studium nicht bewertet."

Wieso haben Sie den Abschluss nicht geschafft?

„Der Grund ist Prüfungsangst. Deshalb habe ich die Prüfung für den oberen Verwaltungsdienst nicht bestanden. Ich habe mich danach beraten lassen und meine Angst mit Entspannungstechniken besiegt. Sie sehen, dass ich die spätere Steuerberaterprüfung mit Bravour absolviert habe."

4.7 Schlechtes Arbeitszeugnis

Schlechte Arbeitszeugnisse werden vielfach aus Unwissenheit erstellt. Nicht immer will der ehemalige Arbeitgeber Ihnen damit Steine in den Weg legen. Zunächst sollten Sie also unterscheiden, ob Ihr Zeugnis bewusst schlecht ausgestellt worden ist oder ob ungünstige Formulierungen zufällig entstanden sind. Ist dies der Fall, sollten Sie sie auch mit der Ahnungslosigkeit der Verfasser erklären.

„Wie begründen Sie das schlechte Zeugnis?"

„Sehen Sie, das Zeugnis ist von meinem Vorgesetzten erstellt worden. Er kennt sich im Zeugniscodieren ein-

fach nicht aus. Dass da missverständliche Formulierungen enthalten sind, ist mir erst bewusst geworden, als ich ein Buch dazu gelesen habe."

Ist die Formulierung bewusst gewählt worden? Hatten Sie zum Beispiel tatsächlich einen Konflikt mit der Führungskraft? Dann geben Sie das moderat zu, ohne sich als „Querschläger" erkennen zu geben, der sich ungern etwas sagen lässt.

„Es gab einen Wechsel in der Führungsebene. Mein langjähriger Chef, Herr Meyer, steht Ihnen gern als Referenz zur Verfügung und wird bestätigen, dass er stets hochzufrieden mit mir war."

4.8   Lücken

Der deutsche Personaler ist ein Lückensucher. Rechnen Sie deshalb mit Nachfragen, wenn in Ihrem Lebenslauf Zeiten nicht belegt sind. Lücken fallen auf, weil Zeiträume nicht erwähnt sind oder Zeugnisse fehlen.
Überlegen Sie sich zunächst einmal, welche Wirkung mögliche Antworten auf die Gesprächspartner hätten. Tabu ist alles, was die Angst, Sie einzustellen, schüren würde. Dazu gehören fraglos Gefängnisaufenthalte, Aufenthalte in einer psychiatrischen Klinik oder längere Zeiten, die Sie dem süßen Leben gewidmet haben.

Strategie
Die Pflege eines Angehörigen, die vollständige Rehabilitation nach einem Unfall oder ein Sabbatical – all das sollten Sie ruhig ansprechen.

Auch eine (kürzere) Phase beruflicher Neuorientierung ist akzeptiert, ebenso Arbeitslosigkeit von bis maximal einem Jahr. Erziehungszeiten bei Frauen sind in einigen Berufen unproblematisch, bei Männern leider manchmal noch schwieriger zu argumentieren.

Auszeiten sind vor allem in Bereichen akzeptiert, in denen das Wissen nicht allzu schnell verfällt: dazu gehören das Sekretariat, die Buchhaltung, das technische Zeichnen, das Verkaufen.

Kritisch wird aber auch hier eine anstellungsfreie Spanne von mehr als drei, vier Jahren. Problematisch sind dann fast immer die fehlenden Computerkenntnisse. In vier Jahren werden neue Systeme und Versionen eingeführt, wird auf SAP umgestellt, werden Prozesse effizienter gestaltet. Dem können Sie vorbeugen, indem Sie betonen, sich durch autodidaktisches Bemühen oder Kurse immer auf dem neuesten Stand gehalten zu haben.

In anderen Berufen sind Lücken von mehr als einem Jahr, bedingt durch Erziehungszeiten, schon deutlich schwerer zu argumentieren. Trotzdem: Allein die Tatsache, dass das Unternehmen Sie zum Gespräch eingeladen hat, zeigt, dass Interesse besteht. Nun müssen Sie sich bestmöglich „verkaufen".

Strategie
Betonen Sie das Positive: Was haben Sie gelernt? Was hat Ihnen die Phase persönlich gebracht? Und wo liegt der Nutzen für das Unternehmen? Gehen Sie selbstbewusst mit den Lücken um, lassen Sie sich nie in die Ecke treiben. Je selbstbewusster Sie die vermeintliche

Lücke begründen, desto unproblematischer wird diese vom Gegenüber empfunden werden. Vermeiden Sie deshalb jede Rechtfertigung. Argumentieren Sie frei nach Klaus Wowereit: das war so „und Das ist auch gut so".

„Für mich war nach fünf Jahren im Produktmanagement einfach einmal der große Traum dran: Australien. Da mein Unternehmen kein Sabbatical ermöglichte, habe ich gekündigt. Die Zeit hat mir sehr viel gebracht: Für meine persönliche Entwicklung und mein Englisch. Zudem habe ich wieder aufgetankt und jetzt richtig Lust und Power, eine neue Aufgabe anzugehen."

Kinder erziehen ist in unserer Gesellschaft teilweise zu schlecht angesehen. Vor allem in karriererelevanten Berufen und Positionen sehen Personalverantwortliche eine längere Erziehungszeit negativ. Die kritische Haltung verstärkt sich, wenn Sie sich wenig flexibel zeigen, während der Erziehungszeit keine Weiterbildung absolviert haben und sich nicht auch noch in der Schule, dem Kindergarten oder Vereinen engagiert haben. Oft übersehen Bewerber ihr eigenes Engagement: Auch die Tätigkeit im Elternbeirat der Schule, das Organisieren von EDV- oder Englischunterricht und die ehrenamtliche Hausaufgabenbetreuung sind beruflich relevant!

„Kindererziehung hatte für mich in dieser Phase eine klare Priorität. Dennoch habe ich mich stets auf dem Laufenden gehalten und mindestens einmal im Jahr

eine Weiterbildung gemacht. Unter anderem habe ich mich privat auf die Heilpraktiker-Prüfung vorbereitet und diese bestanden."

Wenn Sie wirklich nichts gemacht haben und dazu auch stehen, dann sagen Sie es selbstbewusst und mit innerer Überzeugung.

„Mir war es immer wichtig, mich die ersten Jahre voll und ganz auf die Kinder zu konzentrieren. Ich habe zwei prächtige Söhne – und das, weil ich viel Zeit in sie investiert habe. Nun möchte ich wieder einsteigen. Klar, bin ich nicht mehr auf dem neuesten Stand der Technik, aber ich mache gern einen EDV-Kurs, bevor ich bei Ihnen anfange. Ich lerne schnell, und wenn ich mich einmal entschieden habe, ziehe ich das auch durch."

Bei längerer Arbeitslosigkeit wird Ihnen oft etwas unterstellt: dass Sie zu wählerisch waren, zu faul, sich nicht engagiert haben etc. Es bringt nun nichts, sich auch auf die Ebene der Vorwürfe zu begeben. Mag sein, dass Sie glauben, unser gesellschaftliches System sei schuld, ältere Arbeitnehmer würden benachteiligt oder dass Ihre drei Kinder der Grund sind. Aber: Das Vorstellungsgespräch ist kein Platz für gesellschaftliche Grundsatzdiskussionen und auch nicht der richtige Ort für Problemerörterungen. Betonen Sie, was Sie können, was Sie wissen, und führen Sie das Gespräch immer auf diesen Punkt zurück.

„Warum waren Sie so lange arbeitslos?"

„*Das habe ich mir nicht ausgesucht. Wie Sie sehen, bringe ich alle nötigen Qualifikationen mit, unter anderem CNC-Kenntnisse. Ich möchte jetzt mit Ihnen nach vorne schauen und nicht zurück.*"

Befassen Sie sich mit den „Schönheitsmängeln" in Ihrem Lebenslauf und entwickeln Sie Antwort-Strategien für eventuelle Nachfragen im Vorstellungsgespräch. Sie müssen nichts „vertuschen", wichtig ist vor allem, dass Sie authentisch wirken und zu Ihrem Werdegang stehen.

5. Nach dem Gespräch

**Wann sollten Sie nach-
haken?**

**Welche Fragen könnten
im Zweitgespräch gestellt
werden?**

Was tun bei einer Absage?

„Wir melden uns bis Freitag nächster Woche!" Solche Versprechen werden schnell gegeben und selten eingehalten. Dies hat damit zu tun, dass oft auch die internen Prozesse länger dauern als ursprünglich gedacht. Haken Sie freundlich und am besten telefonisch nach, wenn die Frist zwei Tage überschritten worden ist.

5.1   Nachhaken

Darf man noch einmal anrufen? Eine E-Mail schicken, um sein Interesse zu bekunden? Ja, das dürfen Sie. Sie können sich beispielsweise für das Gespräch bedanken oder einfach noch einmal betonen, dass Sie an der Position sehr interessiert sind.

„Ich wollte mich einfach noch einmal für das Gespräch und die Einladung bedanken. Es hat mir sehr gut bei Ihnen gefallen!"

Einige Bewerber wollen nach dem Gespräch ihre Antworten korrigieren oder relativieren. Davon rate ich ab. Es besteht die Gefahr, dass Sie damit erst recht auf die wunden Punkte hinweisen. Zudem wirkt es unprofessionell.

5.2   Das zweite Gespräch

Das zweite Gespräch ist bei qualifizierten Jobs üblich. Manchmal gibt es sogar dritte und vierte Gespräche. Oft wird in diesem Folgegespräch die nächsthöhere

Führungskraft dazugebeten. Sie müssen also noch einmal überzeugen. Manchmal werden aber auch schwerpunktmäßig Rahmenbedingungen wie das Gehalt besprochen.

Tipps
- Bereiten Sie sich genauso gut vor wie auf das erste Gespräch.
- Besonderes Augenmerk legen Sie auf Punkte, die im ersten Gespräch nicht so gut gelaufen sind, wo also Nachfragen zu erwarten sind.
- Fragen Sie Ihre vorherigen Gesprächspartner nach der Einladung zum zweiten Gespräch, was Thema sein wird und worauf Sie sich vorbereiten sollen.

5.3 Fragen im Zweitgespräch

„Was sind denn Ihre Gehaltsvorstellungen?"

„In meinen Unterlagen hatte ich ja bereits erwähnt, dass diese abhängig vom Verantwortungsbereich und den Perspektiven sind. Nach unserem letzten Gespräch haben sich einige Fragen geklärt und ich schlage 55.000 Euro vor."

Gehalt ist abhängig von allgemeinen Faktoren wie Region, Branche, Unternehmensgröße, Aufgaben, Verantwortungsbereich sowie von persönlichen Komponenten (Erfahrung, Qualifikation, Marktwert durch Erfolge im früheren Job). Informieren Sie sich auf Seiten wie www.stepstone.de und www.personalmarkt.de sowie auf Branchenportalen. Legen Sie vor dem Gespräch fest, welches Gehalt Sie erzielen möchten.

„Wann können Sie denn anfangen?"

Derzeit besteht wieder ein Trend zu längeren Kündigungsfristen. Bei hoch qualifizierten Jobs sind die Arbeitgeber oft bereit zu warten. Bei Standardaufgaben ist es häufig von Vorteil, schnell verfügbar zu sein.

„Sind Sie freigestellt?"

Diese Frage kommt vielleicht bereits im ersten Gespräch. Meine Erfahrung als Karriereberaterin ist, dass eine ehrliche Antwort oft besser ankommt als die früher häufig empfohlene Notlüge an dieser Stelle. Erstens ist schnelle Verfügbarkeit ein Vorteil. Und zweitens kann kaum ein Bewerber die ungekündigte Situation ohne Widersprüche durchhalten. So verfallen freigestellte Kandidaten gern in Vergangenheitsschilderungen („ich war zuständig") oder lassen sich ihre Unsicherheit anmerken.

5.4 Absage

Schade, wenn es nicht geklappt hat. Ganz sicher geht es beim nächsten Mal gut! Sicher möchten Sie jetzt nachfragen, woran es gelegen hat – nur leider werden Sie selten eine ehrliche Auskunft bekommen. Einer der Gründe liegt im Allgemeinen Gleichstellungsgesetz

(AGG), das, 2006 eingeführt, die Firmen zusätzlich verunsichert hat. Es könnte sein, dass ein abgelehnter Bewerber ein Unternehmen wegen Ungleichbehandlung verklagt.

Ich empfehle Ihnen dennoch, den Versuch zu starten und eine Absage telefonisch zu hinterfragen. Gerade kleinere und engagierte Unternehmen geben schon mal Auskünfte, um dem Bewerber zu helfen. Darum sollte es Ihnen auch bei einem Anruf gehen – einen Tipp zu erhalten, was Sie vielleicht noch verbessern könnten. Oft werden Sie aber erfahren, dass es nicht an Ihnen gelegen hat, sondern ein anderer einfach besser passte. Und in den meisten Fällen entspricht das absolut der Wahrheit.

Übrigens habe ich einige Bewerber erlebt, die so doch noch eingestellt worden sind – weil der Bewerber der ersten Wahl sich gegen die Stelle entschieden hat.

Trauen Sie sich nachzuhaken, wenn Sie nach einem *Vorstellungsgespräch allzu lange auf eine Antwort warten müssen. Wenn Sie zu einem zweiten Gespräch eingeladen werden, bereiten Sie sich genauso gut vor wie auf das erste. Eine Absage können Sie ruhig noch einmal hinterfragen. Eine Absage bezieht sich auf den jeweiligen Job und nicht auf Sie als Person!*

Die Autorin

 Svenja Hofert ist Autorin verschiedener erfolgreicher Ratgeber und seit vielen Jahren in der Karriereberatung tätig. Sie ist Inhaberin des Coachingbüros für Karriere & Entwicklung in Hamburg und Köln (www.karriereundentwicklung.de) und bietet u. a. Trainingsseminare zur Vorbereitung auf Vorstellungsgespräche an.

Karriere & Entwicklung
Svenja Hofert
Friedensallee 50
22765 Hamburg
Tel: (040) 53052930
Mob.: (0173) 5411013
info@karriereundentwicklung.de
www.karriereundentwicklung.de

Weiterführende Literatur

- Hesse, Jürgen/Schrader, Hans-Christian: Praxis-mappe für das überzeugende Vorstellungsgespräch, mit CD-ROM, Eichborn 2006

- Hofert, Svenja: Die 100%-Bewerbung, Gabal 2004

- Hofert, Svenja: Bewerben in Traumbranchen, Gabal 2005

- Hofert, Svenja: Praxismappe für die kreative Bewerbung, Eichborn 2002

- Püttjer, Christian/Schnierda, Uwe: Trainingsmappe Vorstellungsgespräch, Campus 2006

- Püttjer, Christian/Schnierda, Uwe: Das überzeugende Vorstellungsgespräch für Hochschulabsolventen, Campus 2006

Register

Zu diesem Themenkreis sind bereits erschienen:

 **Christian Zielke**
30 Minuten für Ihre Jobsicherheit

ISBN 3-89749-554-6

 **Rolf Meier**
30 Minuten für den Umgang mit schwierigen Chefs

ISBN 3-89749-618-7

 **Hans-Jürgen Kratz**
30 Minuten für richtiges Feedback

ISBN 3-89749-514-2

 **Stéphane Etrillard**
30 Minuten für gelungene Selbst-PR

ISBN 3-89749-578-4

 **J. Knoblauch, J. Frey, R. Kummer, L. Stängle**
30 Minuten für eine bessere Unternehmens-fitness

ISBN 3-89749-281-3

 **Martin Wehrle**
30 Minuten für Ihre Gehaltser-höhung

ISBN 3-89749-622-4

GABAL Verlag GmbH
Postfach 200 252, 63077 Offenbach
Tel. 0 69 / 83 00 66-0, Fax 0 69 / 83 00 66-66
www.gabal-verlag.de
E-Mail: info@gabal-verlag.de